我爱大自然

冰雪之冬

赛文诺亚 主编

北方妇女儿童出版社

·长春·

图书在版编目（ＣＩＰ）数据

冰雪之冬 / 赛文诺亚主编. －－ 长春 : 北方妇女儿
童出版社, 2023.8（2024.7重印）
（我爱大自然）
ISBN 978-7-5585-7055-1

Ⅰ.①冰… Ⅱ.①赛… Ⅲ.①自然科学—儿童读物
Ⅳ.①N49

中国版本图书馆CIP数据核字(2022)第209076号

我爱大自然：冰雪之冬
WO AI DA ZIRAN BINGXUE ZHI DONG

出 版 人	师晓晖	
策 划 人	陶　然	
责任编辑	左振鑫	

开　　本	889mm×1194mm　1/16	
印　　张	2	
字　　数	50千字	

版　　次	2023年8月第1版
印　　次	2024年7月第2次印刷
印　　刷	山东博雅彩印有限公司

出　　版	北方妇女儿童出版社
发　　行	北方妇女儿童出版社
地　　址	长春市福祉大路5788号
电　　话	总编办：0431-81629600
	发行科：0431-81629633

定　　价	42.80元

目录

冬天藏起来的小动物

天气变得越来越冷，冬天离我们越来越近。让我们戴上帽子、手套、围脖，穿上厚厚的衣服，去户外看看吧！

森林里变得好安静啊！大树的树叶都掉光了，树枝上光秃秃的。原来生活在森林里的小动物们怎么找不着了？

刺猬 ⬇

刺猬冬眠的时候，会缩成一团，而且几乎连呼吸也停止了。原来，它的喉头有一块软骨，可将口腔和咽喉隔开，并将气管的入口遮得严严实实的。

⬇ **熊**

因为在冬天找不到食物，所以熊也会呼呼大睡，度过整个冬天。

⬇ **青蛙**

青蛙的冬眠期长短各不相同，一般大约为100天。

蛇 ⬆

乌龟 ⬆

蛇冬眠时，能量消耗最低，生命迹象最微弱。因为蛇是变温动物，它的体温可以随着环境的变化而变化。乌龟在整个越冬期间，头尾四肢均缩入壳内，双目紧闭，不食不动不排泄，直至天气变暖时才移动位置。

3

在地下冬眠的昆虫们

那么丁点儿大的昆虫们可受不了冬天的寒冷，如果它们冬天时出去寻找食物，很容易就会被冻伤，甚至还有生命危险。所以，大多数昆虫会在冬天到来前死去。幸存下来的，则开始各种形态的冬眠。

它们睡得可真香啊！动物冬眠时，不吃不喝也不动，呼吸非常缓慢，所需要的氧气比平常减少许多。

蝶

菜粉蝶和黄凤蝶可聪明了！它们会给自己编织一个大大的茧，然后躲在里面度过整个冬天。

独角仙

独角仙会以幼虫形态在堆肥中过冬。

而且土壤是由很小很小的颗粒组成的，颗粒与颗粒之间存在空隙，可供氧气通过，对呼吸量不大的冬眠动物来说，这些氧气量已经绰绰有余了，因此不必担心它们会被闷死。

昆虫会如何冬眠

不同昆虫冬眠的形态是不同的。有的昆虫直接聚集成团，挤在一起冬眠；有的昆虫则会以卵、幼虫或蛹等形态进行冬眠。

瓢虫 ➡

瓢虫会成群地聚集在树缝中或岩石缝隙中冬眠。

蚂蚁 ➡

整个冬天，蚂蚁都躲在巢穴的深处。

5

洞窟中倒挂着睡觉的蝙蝠

冬天来了，我们会发现原本夜间捕食飞虫的蝙蝠都不出来活动了。原来此时它们正成群地躲在昏暗的洞窟里睡大觉。

蝙蝠的睡姿很有意思，它们会用双脚抓住崖壁，成团成簇地倒挂着睡觉。睡觉前，它们还要最后确认一下，这个洞窟是不是既安全又避风。

蝙蝠长得很像老鼠，冬眠时它们的呼吸和心跳变得很慢，血液流动的速度也变慢了，体温降低到与周围环境温度相同。

薄薄的皮膜把蝙蝠坚硬而纤长的翼骨和腿连接在一起。

爪状拇指用来攀爬洞穴中的岩石。

蝙蝠的胸肌十分发达。

蝙蝠在飞行时用尾巴来刹车或改变方向。

蝙蝠的头部

蝙蝠的种类

大鼠耳蝠 ⬆
即使在冬眠中，如果场所太热或太冷而不适合大鼠耳蝠越冬时，它们也会往合适的地方迁移。

菊头蝠 ⬆
菊头蝠的超声波并非由口发出，而是由鼻发出。它的鼻子形状犹如马蹄，叫作"鼻蹄"。

伏翼 ➡
这种蝙蝠的体型很小，体长为3.5～4.5厘米，翅膀宽为19～25厘米。体毛为不同深度的棕色。

狐蝠 ⬇
狐蝠的体型比一般的蝙蝠大，两翼展开后可达90厘米以上呢。由于它的头形似狐，口吻长而突出，所以叫狐蝠。

出现在田野里的麻雀

　　麻雀是人们十分熟悉的小鸟，因为它们总是出现在我们的生活中。哪怕是到了寒冷的冬天，依然可以听到它们叽叽喳喳地叫个不停，虽然不算好听，却显得十分热闹。我们可以带着望远镜来到它们经常出现的田野中，这时向四周望去，只能看到空旷的田野和光秃秃的树枝。然而在这片辽阔的土地上，时不时就会跳出几只小麻雀。它们落在树上，从远处看黑压压一片，就像树木新长出来的叶子！慢慢地向它们靠近，可以看到它们那带着褐色花纹的小身体和尖尖的小嘴巴。只见它们在一棵树上停留一会儿，接着向另一棵树上迁移，飞动起来还呼啦啦作响，真是可爱极了。麻雀是杂食性的鸟儿，它不但吃昆虫、草种，还很喜欢吃人类的剩饭。它的生活与人类的生活联系紧密，没有人住的地方它是不会光顾的，所以它是十分喜欢与人类共存的鸟儿。

麻雀的身体结构 ⬇

麻雀的嘴
　　麻雀的嘴虽然很短却很强健，呈圆锥形，看起来稍微向下弯。

麻雀的翅膀
　　麻雀的翅膀有淡色的横斑，翅膀短而圆，因此并不能远飞。

麻雀的尾巴 ●
　　麻雀的尾巴十分小巧，呈浅褐色小叉状。

麻雀全身都披着颜色各异的羽毛。头顶上和后颈部的羽毛呈栗褐色；脸颊和颈侧是白色的，中间有一个黑色的斑块；背部和肩部分布着黑褐色的羽轴纹；尾羽和羽翼的颜色为暗褐色，翅膀上还带有两道白色的横斑；下腹部的颜色是灰白色的。

麻雀的飞行

麻雀在飞行时，将双脚收回，紧贴在腹部，短暂而急促地拍打着翅膀，这种飞行方式使它们只能上下翻飞，适合作短距离的飞行，所以它们只能飞一会儿就停下来。

发出"哑哑"声的乌鸦

在树林里，我们会常常看到乌鸦，它们生活的地方离我们的住处很近。每次经过树林都会听到乌鸦们发出稀稀落落的"哑哑"声。冬天它们在树林里做什么呢？哦，原来是在找食物。

乌鸦是食腐动物，它们身上的羽毛通常都是黑色的，嘴部很尖，嗅觉异常灵敏，能及时发现地上的动物尸体，并飞上前去大吃一顿。

用望远镜观察乌鸦，有时你能发现，它会利用小树枝等将地下的虫子挖出来吃；也会用硬石把坚果的壳压碎，再吃壳里的果实。

乌鸦的嘴

乌鸦的身体结构

不同种类的乌鸦嘴的形状也是不同的，例如大嘴乌鸦的嘴部就很粗大，而小嘴乌鸦的嘴部就很细小。不过任何一种乌鸦的嘴都是黑色的。

乌鸦的羽毛

乌鸦所有的羽毛都是黑色的，虽然看起来并不美丽，可是飞翔起来的姿势却十分优美。

各种各样的乌鸦 ⬇

秃鼻乌鸦：秃鼻乌鸦是中国农村最常见的种类，全身羽毛乌黑发亮，还带着紫色金属光泽。嘴巴长而粗壮，由于没有羽毛遮住鼻孔，所以称它为秃鼻乌鸦。

大嘴乌鸦：大嘴乌鸦又叫巨嘴鸦，雌雄乌鸦都是通身漆黑，鸣叫时会发出"呵呵"声，喜欢出现在林间路旁、草地上。

小嘴乌鸦：小嘴乌鸦喜欢成群生活，但并不像秃鼻乌鸦那样结群筑巢。它的嘴巴细小，却很强劲，喜欢吃植物种子、垃圾、腐尸等。

秃鼻乌鸦

大嘴乌鸦

小嘴乌鸦

乌鸦的嗅觉异常灵敏，它能及时发现地上的动物死尸，还能闻得到从地下散发出的腐尸味而常在有新坟的墓地呱呱乱叫，甚至还能在飞过房前屋后时，捕捉到某个病人临死之前所散发出的特殊气味，然后在不远不近的地方发出异样的叫声。

冬天里不怕冷的野鸭

　　寒冷的冬天，我们可以在池塘、水库、湖泊里观察到野鸭。它们能在快要结冰的水里游泳、捉食。难道它们不怕冷吗？

　　原来，在鸭子的身体里堆积着厚厚的脂肪，尾部能渗出油脂，而且还披着厚厚的不易透水的羽毛"外套"。它们经常用嘴把尾部渗出的油脂抹在羽毛"外套"上，"外套"就能长久防湿啦！

　　在脂肪和羽毛的双层保暖下，即使冬天再冷，鸭子在水里游泳也不怕冻着。

母鸭的羽毛

　　母鸭的羽毛往往是褐色的，这样，它们在孵小鸭的时候便于隐藏，容易逃过天敌的眼睛。

公鸭会变色

公鸭在繁殖期间，羽毛颜色会变得鲜艳，借以吸引异性。此时若公鸭和母鸭在一起，人们会误以为是两种不同的鸭子。非繁殖期时，公鸭和母鸭的羽毛颜色相似。

冬天毛变色的 雪兔

　　大雪之后，我们很容易在山林中发现雪兔的踪迹，在它们经过的雪地上会留下很多脚印。用望远镜在树林间静静地观察，你会发现它们左闻闻、右闻闻，走走停停，在灌木丛中若隐若现。

　　雪兔的警惕性很高，而且听觉很灵敏。它那两只眼睛常常会瞪得圆圆的，耳朵紧贴背部并伏在地上，一听到有危险靠近，就迅速逃走。它们身上的毛色与雪地融为一色，从而躲过危险。

🔸 雪兔的毛色
　　春天雪兔的毛色呈青灰色，夏秋呈棕褐色或棕黄色，腹部白色。
　　雪兔的皮毛在冬天会变色，除耳尖和眼圈有一点点黑毛外，全身雪白。

🔸 雪兔的耳朵
　　雪兔的耳朵一般比家兔短，它们常常将耳朵紧紧地贴在背上，这样可以保存热量。

　　野兔的奔跑速度非常快，它们经常趴在地上，一有危险就会以最快的速度蹿出，奔跑时最快可以达到每小时70千米呢！在比较陡的下坡路上，它们最远能跳3米。此外，它们还能够以闪电般的速度转身并继续向反方向奔跑，真是太厉害了！

🌀 **雪兔的后腿**

　　雪兔的后腿较长，毛多而蓬松，适于跳跃前进。

活泼可爱的松鼠

　　秋天，松鼠会把吃不完的橡子和其他坚果，几粒或十几粒一堆，埋进土里或放在树杈上储藏起来，为过冬做准备。更令人吃惊的是，有时它竟然会把食物先晒干，以免发霉变质，真是太聪明了！松鼠一般不在自己的洞里藏食物的，它的洞里只有一些干草。而且，不管天气多冷，松鼠都不会在窝里吃东西，它们最喜欢在树上迎着太阳吃。

松鼠喜欢吃的东西可多啦，有橡子和坚果，还有嫩枝叶、树芽、昆虫和鸟蛋。冬天，它们还会吃针叶树的种子。它们吃东西的时候很有趣，只见它用前爪抓住一颗松果，并迅速地转动它，同时用尖利的门牙把松果上一片一片鳞片状的壳拔掉，然后吃掉里面的松子。一吃完里面的松子，它就会把松果壳扔到地上。

健忘的小松鼠

　　那些分布在各个角落里的果实，松鼠当然不会都记得一清二楚，并把它们都找出来吃掉。或许是因为忘记了，或许实在是吃不完，有些果实经它们储藏后就不再被它们挖出来，时间一长，这些埋在土里的果实便生根发芽了。

下层土中的居民

大家都知道，我们生活的地球是由岩石组成的。不过，在地表上有一层从零到数十米厚的土壤覆盖，别小看这一层薄薄的土壤，它是地球上所有生物直接或间接的食物来源。

越往泥土深处，土壤里的空隙越小，在其中生活的生物也越微小。在碎石块与泥土颗粒间的细小水泡中，生活着许多非常微小的生物，如纤毛虫、鞭毛虫和阿米巴原虫等。如果把100个这样的生物，首尾相连地接在一起，总长度也不过是指甲的厚度而已，远远小于1毫米。不过，它们还不是最小的居民呢！泥土间的缝隙里还生活着细菌和真菌等生物。

不可思议

1立方米的土壤里面可能生活着100多条蚯蚓、500多只蜘蛛、1000多只蜈蚣等！据科学家估计，生活在地下的生物的总重量，是地面上生存着的人类和其他动物总重量的50倍。

下雪后整个世界好安静

冬天，下过雪之后，我们走在户外，会发现四周似乎变得异常安静。这是为什么呢？

原来，雪花中间有很多很大的空隙，可以将声音吸收掉，因此在下完雪之后，我们就会觉得周围比平时安静许多。

不知你有没有发现，在寒冬季节里，下雪时落在地上的雪，非常散落，被风吹时很容易飘走，这种雪没有黏性，因为它们全是由"冰"构成的，里面没有水。天气越冷，雪花越小，这种现象也就越明显。而在春初冬末之际降雪的时候，落在地上的雪就不容易被风吹走了，扫去时，在地面还会留有湿痕，这种雪就不全是"冰"了，里面含有水滴，因此是"湿"的。湿雪才适合打雪仗、堆雪人！

从雪地里走过，脚底的雪会"嘎吱"作响，这"嘎吱"声是从哪儿发出来的呢？

原来，天气格外寒冷的时候，构成雪花的冰晶也非常坚硬。这个时候，当你在这些坚硬的冰晶上走过，纤细的冰晶结晶枝就会断裂，从而发出"嘎吱"声。但是，天气变暖，这些冰晶就会变软。此时，冰晶的结晶枝就不会断裂，而是慢慢变小、变少。

雪花的形状

从空中飘落的雪花一片片看起来都差不多，但实际上，所有的雪花都有细微的差别，世界上找不出两片完全一样的雪花。雪花大多是六角形的，如果把雪花放在放大镜下，可以发现每片雪花都是一幅极其精美的图案，连艺术家都叹为观止。

我们一起堆雪人

在一场大雪之后，让我们带上小铁锹，捡几根树枝，一起堆雪人吧！

先用手捏一个小雪球，再在地上慢慢滚大当身子；然后做一个圆一点儿的头，用树枝做出眉毛，用深色的石头做眼睛，用红红的萝卜做鼻子……

堆雪人时，或许你会感到奇怪，自己捏的小雪球，怎么会在地上越滚越大呢？原来，我们滚雪球时，雪球下的雪被挤压融化成了水，水可以把地上的雪沾在雪球上。这样雪球就越滚越大了。

压强的增大，能让雪的融点降低，因此，雪球滚过的积雪因为压强变大融化成水，雪球滚过，压强又恢复正常，水又凝结成冰，附着在了雪球上。

雪为什么是白色的？

　　透明的玻璃被砸成碎末，碎末就由透明变成白色；海边的浪花撞到岩石上，也飞溅出白色的海浪，而不再是蓝绿色。雪花是白色的，也是同样道理。由于雪花是由很多小冰晶构成的，光线照到雪的表面时，会向各个方向反射开去，因此，雪看起来就成白色的了。

大地上一片白茫茫的霜

呀！快看，屋顶、树枝、路旁的草叶，甚至田地里的稻草人，都像披上了一层薄薄的银色衣服，到处是白茫茫的一片，猛一看还以为是下雪了呢！其实，这些都是霜。用放大镜仔细观察，霜的形状非常美丽，有小薄板状的，还有小细针状的。

不论是附着在哪里的霜，它的形成过程都是一样的。无论是地面，还是任何物体的表面，只要温度下降到零摄氏度以下，原来在空气中存在着的水汽接触到它们，就会在上面结成冰晶，也就是霜。

哪些物体易结霜

在寒冷的秋天的夜晚，冷冰冰的石头和铁器不易热，砖瓦、玻璃等也都很容易结霜；植物的叶子很薄，又可以两面扩散热量，它的温度也很低。空气中的水汽很容易凝结在这些物体上。而耕过的松土则很容易出现霜柱。

　　冬天的早晨，偶尔会看见树枝上裹着一层白色的冰花，就像给树木穿上了一层冰衣服，漂亮极了！这可不是霜，而是雾凇。

　　如果热空气遇到冷的树枝，树上就会结出很多这样的冰花。在吉林省的松花江边，冬季里几乎天天有雾凇，洁白而晶莹，在沿江的柳树上都挂满了，江风吹拂而过时银丝闪烁，景色美极了！